J. GAUBE (du Gers)

LA

Minéralisation du Lait

Société de Biologie, Séance du 29 Juin 1895

PARIS

LIBRAIRIES-IMPRIMERIES RÉUNIES

7, rue Saint-Benoît, 7

May et Motteroz, Drs

1895

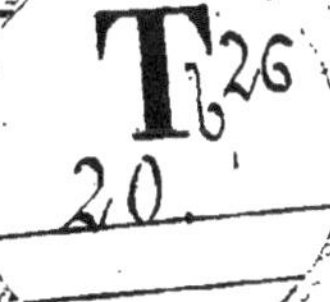

J. GAUBE (du Gers)

LA

Minéralisation du Lait

Société de Biologie, Séance du 29 Juin 1895

PARIS

LIBRAIRIES-IMPRIMERIES RÉUNIES

7, rue Saint-Benoît, 7

MAY et MOTTEROZ, D^{rs}

1895

Minéralisation du Lait

Il y a une limite au-dessus de laquelle l'homme et les animaux ne retiennent plus la matière minérale (1).

Nous trouverons donc un puissant intérêt à connaître cette limite fixe de minéralisation pour les tissus, les humeurs et les sécrétions.

La question, jusqu'ici controversée et pour nous cependant résolue, de la *phosphatisation animalisée* du lait, nous a fourni l'occasion de déterminer la limite fixe de la minéralisation de la sécrétion mammaire. Nos expériences ont été faites sur une assez grande échelle et dans des conditions assez favorables pour qu'il nous soit permis de considérer comme *pauvre* tout lait dont la minéralisation n'approcherait pas de nos moyennes, et comme seule possible l'élévation du taux de la minéralisation naturelle des laits *pauvres*, en minéralisant les laitières, soit directement par la voie soùscutanée, soit indirectement par les voies digestives. En effet, la rétention de la matière minérale appropriée, par un organisme déminéralisé, n'est plus douteuse aujourd'hui, pourvu que cette matière

(1) J. Gaube (du Gers); *Archives générales de médecine,* septembre 1893.

minérale soit adaptée et proportionnée aux besoins de l'organisme (1).

La dominante minérale de l'albumine du lait, c'est le *phosphate de chaux* (2); aussi est-ce sur le dosage de l'acide phosphorique d'une part et sur l'alimentation phosphatée d'autre part, qu'ont porté nos efforts.

Nous avons confié la direction de nos expériences à M. J. Escuyer, président-directeur de la *Compagnie générale des laits purs* et du lait stérilisé *Gallia*; les dosages de l'acide phosphorique ont été faits par la méthode volumétrique au laboratoire de la Compagnie, à Neufchâtel-en-Bray.

La moyenne de l'acide phosphorique fut établie sur le mélange du lait de trois cents vaches; l'âge moyen du lait était de deux mois environ.

Acide phosphorique moyen. . . . $2^{gr},45$ $^o/_{oo}$

Parmi ces trois cents vaches, nous choisîmes la plus belle et la mieux portante, dont le lait était âgé de vingt jours; ce lait contenait :

Acide phosphorique. . . . . $2^{gr},50$ $^o/_{oo}$

Du 7 avril au 1er mai, on ajoute chaque jour à la nourriture ordinaire de cette vache qui reste à l'étable :

Tourteau de coton d'Amérique. 2 kilog.
Fèves concassées cuites. . . . . 1 id.   500 gr.
Poudre d'os. . . . . 0 id.   45 id.

Le 15 avril 1895, on commence les dosages des

---

(1) J. Gaube (du Gers); *Théorie minérale de l'évolution et de la nutrition de la cellule animale.* Paris 1895; *in* Académie de Médecine.

(2) La caséine est un albumino-phosphate de chaux, et la quantité de phosphate de chaux contenue dans le lait est en rapport avec la quantité de caséine.

cendres et de l'acide phosphorique et on les continue jusqu'au 1er mai, dans les mêmes conditions de nourriture et de stabulation.

Dates.	Cendres.	Acide phosphorique.
15 avril 1895 . . .	7^{gr} » °/$_{oo}$	2^{gr},20 °/$_{oo}$
18 id. . . .	7^{gr},10 °/$_{oo}$	2^{gr},50 °/$_{oo}$
19 id. . . .	7^{gr} » °/$_{oo}$	2^{gr},20 °/$_{oo}$
21 id. . . .	6^{gr},70 °/$_{oo}$	2^{gr},10 °/$_{oo}$
23 id. . . .	6^{gr},80 °/$_{oo}$	2^{gr},10 °/$_{oo}$
24 id. . . .	6^{gr},60 °/$_{oo}$	2^{gr},40 °/$_{oo}$
26 id. . . .	7^{gr},20 °/$_{oo}$	2^{gr},50 °/$_{oo}$
27 id. . . .	6^{gr},90 °/$_{oo}$	2^{gr},55 °/$_{oo}$
29 id. . . .	6^{gr},30 °/$_{oo}$	2^{gr},45 °/$_{oo}$
Moyennes . . .	6^{gr},84 °/$_{oo}$	2^{gr},36 °/$_{oo}$

Le 1er mai, la vache est mise à l'herbage, en liberté.

Dates.	Cendres.	Acide phosphorique.
1er mai 1895 . .	6^{gr},80 °/$_{oo}$	2^{gr},65 °/$_{oo}$
4 id. . . .	6^{gr},70 °/$_{oo}$	2^{gr},55 °/$_{oo}$
6 id. . . .	6^{gr},90 °/$_{oo}$	2^{gr},45 °/$_{co}$
8 id. . . .	7^{gr} » °/$_{oo}$	2^{gr},60 °/$_{oo}$
11 id. . . .	7^{gr},20 °/$_{oo}$	2^{gr},65 °/$_{oo}$
18 id. . . .	6^{gr},50 °/$_{oo}$	2^{gr},35 °/$_{oo}$
20 id. . . .	6^{gr},50 °/$_{oo}$	2^{gr},35 °/$_{oo}$
14 juin 1895 . . .	7^{gr} » °/$_{oo}$	2^{gr},35 °/$_{oo}$
Moyennes . . .	6^{gr},825 °/$_{oo}$	2^{gr},493 °/$_{oo}$

Comme on peut le voir à la lecture de ces deux tableaux, la quantité d'acide phosphorique a sensiblement augmenté pendant le pâturage ; cela provient de la liberté de la vache et de l'exercice (1).

Les cendres totales ont diminué très légèrement ; leur diminution porte sur les éléments salins autres que les phosphates.

Pendant une période d'expérience de soixante-neuf jours de durée, l'acide phosphorique a oscillé entre $2^{gr},10$, terme le plus bas, et $2^{gr},65$, terme le plus haut, extrêmes représentés par la moyenne $2^{gr},325$, inférieure de 10 centigrammes seulement à la moyenne générale de l'expérience, soit : $2^{gr},425$.

L'acide phosphorique moyen était de $2^{gr},45$; d'où il suit, si nous considérons les résultats de nos expériences dans leur ensemble, que le régime phosphaté n'a rien ajouté aux phosphates du lait.

Les auteurs (Filhol et Joly, Playfair, Schwartz, Marchand, Halden, Boussingault et Lebel, etc.) donnent comme moyenne des cendres contenues dans le lait de vache, $4^{gr},16$ ‰ ; la moyenne de notre lait est de $6^{gr},83$; cette moyenne représente, pour ainsi dire, la saturation minérale du lait en allant des nombres extrêmes $6^{gr},30$ à $7^{gr},20$, dont la moyenne est $6^{gr},75$.

Vernois et Becquerel (2) trouvent $6^{gr},64$ et Doyère (3) indique 7 grammes de sels ; ces analyses sont en complet accord avec les nôtres.

---

(1) Le repos, la stabulation, comme Playfair l'a constaté, augmentent la quantité de lait et la proportion du beurre, mais diminuent celle de la caséine. Au contraire, l'exercice rend la proportion de la caséine plus forte en faisant baisser celle de la matière grasse. Colin, *Traité de physiologie comparée*. Tome II, page 892.

(2) Vernois et Becquerel, *Du lait chez la femme dans l'état de santé et dans l'état de maladie*, page 167.

(3) Doyère, *Du lait au point de vue physiologique et économique*. (Ann. de l'Institut agronomique de Versailles, 1852.)

Nous tirerons, des observations précédentes, les conclusions suivantes :

1° Une alimentation riche en phosphates, continuée pendant trois semaines, n'augmente pas la quantité des phosphates du lait chez une vache saine, robuste; elle ne l'augmente même pas de manière à corriger les inconvénients du repos et de la stabulation ;

2° La saturation minérale du lait normal est représentée par 6^{gr},75 °/$_{oo}$ de sels, en moyenne ;

3° La moyenne de l'acide phosphorique contenu dans le lait de vache normal est de 2^{gr},45 °/$_{oo}$;

4° Tout lait de vache contenant moins de 6 grammes de sels °/$_{oo}$ doit être considéré comme *insuffisant* ;

5° Les rapports entre la quantité d'acide phosphorique et de caséine contenus dans le lait étant constants, tout lait de vache contenant moins de 2^{gr},30 °/$_{oo}$ d'acide phosphorique doit être considéré comme *insuffisant*.

379. — Librairies-Imprimeries réunies, rue Mignon, 2. — Paris.

139